“贵州乡村振兴”书系获
贵州出版集团有限公司出版专项资金
资　助

油茶

种植技术手册

贵州省林业科学研究院 / 编

曾钦朦　许　杰 / 主编

·贵　阳·

图书在版编目（CIP）数据

油茶种植技术手册 / 贵州省林业科学研究院编 ; 曾钦朦, 许杰主编. -- 贵阳 : 贵州科技出版社, 2023.7

ISBN 978-7-5532-1223-4

Ⅰ. ①油… Ⅱ. ①贵… ②曾… ③许… Ⅲ. ①油茶—栽培技术—手册 Ⅳ. ①S794.4-62

中国国家版本馆CIP数据核字(2023)第123035号

油茶种植技术手册

YOUCHA ZHONGZHI JISHU SHOUCE

出版发行 贵州出版集团 贵州科技出版社

地　　址 贵阳市观山湖区会展东路 SOHO 区 A 座（邮政编码：550081）

出 版 人 王立红

经　　销 全国各地新华书店

印　　刷 贵州新华印务有限责任公司

版　　次 2023 年 7 月第 1 版

印　　次 2023 年 7 月第 1 次

字　　数 48 千字

印　　张 2.625

开　　本 787 mm x 1092 mm 1/32

定　　价 15.00 元

“贵州乡村振兴”书系编委会

总序

“贵州乡村振兴”书系诞生于如火如荼实施的乡村振兴战略大背景之中，从立意、策划、约请作者、编辑书稿、整体设计，直至当前首批成果即将付梓，时间已过去三年。三年中，书系历经多次思路的调整和具体方案的修改，人事也多有变更，但书系所有参与者为乡村种植、养殖产业发展提供技术服务，为乡村生态文明建设提供价值引领，为乡村振兴取得新成果进行总结与宣传的“初心”，迄今没有改变。

编辑出版“贵州乡村振兴”书系，主要目的是让最前沿的科学知识和成熟的实用技术尽快转化为解决实际问题的要素和生产力提升的推进器。伴随着“贵州乡村振兴”书系抵达田间地头，实用知识和技术“飞入寻常百姓家”。在中国这样有着悠久历史的农业大国，农业科学技术日新月异，不断地推动着种植业、养殖业的发展；与此同时，我国是人口大国，为人民健康保驾护航的医学同样发展迅速。快速发展意味着科学知识、实用技术更新迭代的加快，只有使用最新的成熟技术和知识，才能为贵州产业发展、生态环保、健康生活提供保障，满足广大群众的期盼和渴求。书系中的各个板块，都力图将相关领域最新科学知识和技术化繁为简、化难为易，让阅读该书的广大群众尽快掌握和运用。

在形式上，书系以图文搭配、图文互彰的活泼形式，让严谨的科技知识更易被普通群众接受。书系的主要服务对象为活跃在田间地头的科技特派员、村里的种植户与养殖户（包括合作社、公司等负责人）、农村特殊人群（如患常见疾病的病人、职业病病人、孕产妇、老年人、儿童等）、驻守一线的村干部、返乡大学生、农技员等，如何将正确的理念、前沿的知识、优秀的技术“接地气”地传达给他们，经调查研究、试验、甄别，参考优秀“三农”图书，最终，我们采用科普读物、学术专著兼具，但对科普有所偏重的组织架构。其中，科普读物采用清晰明了的图片、图示配合简明易懂的文字这一出版形式：文字简洁，可以让读者直接抓住实用知识和信息，不走弯路，节省时间；清晰的图片、图示，既可将方块字、数据蕴含的信息可视化，又能丰富和补充文字信息，甚至能呈现由于文字自身的模糊性而无法清楚传递的信息。活泼的设计也有助于调节视觉疲劳和阅读节奏，让纯粹以获取知识和技能、解决问题和困难为目的的阅读不再枯燥乏味。此外，书系中大部分图书采用了口袋书设计，便于携带。

书系的作者，都是在相关领域有扎实的专业知识的。在种植、养殖板块，我们邀请了从事教学和研究多年的专家，以及长期深入田间地头指导具体操作的科技特派员和农技员；在健康板块，作者都从医多年，对于农村人群健康素养水平的提升、常见疾病的防治等经验丰富；在农村“五治”（治垃圾、治厕、治水、治房、治风）板块，我们邀请了从事规划和教学的专家……总之，书系作者既对自己研究的领域有扎实研究，又熟悉贵州的气候、资源禀赋、地形地貌等，与此同时，他们还十分了解这片土地上生活着的人们内心的期待和需求，有着以自身所学所研回馈这片土地的质朴赤子情，也有着“将论文写在大地上”的奋斗精神。

“贵州乡村振兴”书系目前包含“生态农村建设系列”丛书、“农村健康生活知识手册”丛书、“茶叶栽培加工技术手册”丛书、“特色中药材种植养殖技术手册”丛书、“林木作物、农作物种植技术手册”丛书、“畜禽养殖技术手册”丛书、“水产生态养殖技术手册”丛书、“农技员培训系列”丛书等。随着乡村振兴战略的实施，我们也将适时新增板块，以配合和助力贵州乡村振兴的强力推进。当然，虽名为“贵州乡村振兴”书系，主要是为配合贵州乡村振兴工作而策划，但也适用于国内其他部分省（区、市）。

贵州曾是全国脱贫攻坚主战场，当前则是全国乡村振兴战略实施的主战场，统筹城乡一体化发展的任务十分艰巨。

希望“贵州乡村振兴”书系的推出，可以切实助力于“新型工业化、新型城镇化、农业现代化、旅游产业化”目标的实现，乃至助力于全面建成社会主义现代化强国和实现中华民族伟大复兴。

是为序。

中国工程院院士

贵州大学校长

2023 年 3 月

目 录

第一篇

什么是油茶？

油 茶

油茶又叫茶子树，是世界四大木本食用油料植物之一。油茶种子榨出的油茶籽油（又称山茶油）色清味香，营养丰富，具有预防心脑血管疾病的作用，被誉为“东方液体黄金”。油茶产业是贵州省特色林业产业之一。

形态特征

油茶为灌木或中乔木，高2~5米（1米=100厘米=1000毫米）*，叶椭圆形、长圆形或倒卵形，花瓣白色、粉色或红色，果实球形或卵圆形。花期10月至翌年2月，果实翌年9—10月成熟。

* 基于本书为科普性质图书，为便于广大农民群众阅读理解与实际操作，本书在物理量的单位出现第一处给出换算关系，米^{2}采用文字表述为“平方米”。

不同颜色的油茶花

不同果形的油茶果

不同类型的油茶产品

油茶的主要产品之一——油茶籽油是食用油脂，具有极高的营养价值及预防心脑血管疾病等作用，是联合国粮农组织重点推广的食用植物油之一，经济价值也很高。油茶的其他衍生产品（如茶枯、茶籽壳等）被广泛用于日用化工、医药等领域。

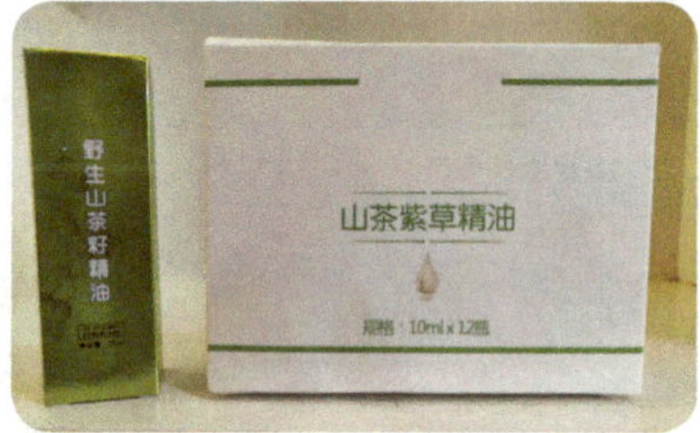

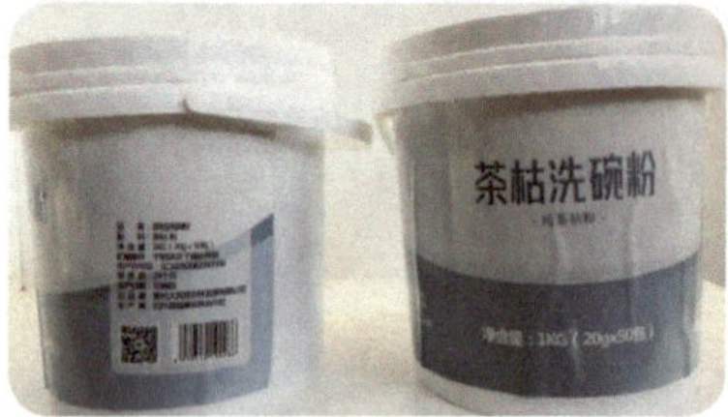

第二篇

在哪里种油茶合适？

油茶的生长环境

油茶喜光，适宜在年平均气温为15~16 ℃、有充足的阳光与水分、年降水量在900~1500毫米、土层深厚的缓坡地带生长。

第二篇

油茶的种植区域

油茶在贵州省各地均有种植。

其中，铜仁市、黔东南苗族侗族自治州、黔西南布依族苗族自治州的部分县（市、区）有着悠久的油茶种植历史和良好的生产基础，其良好的气候及土壤条件适宜油茶的生长。

第三篇

贵州省本地油茶良种有哪些？

黎平2号

黎平2号为灌木或小乔木。树冠圆球形；叶小，长椭圆形；花瓣白色，萼片紫色；芽鳞黄绿色，无毛，嫩枝棕黄色；果实球形、较小，青红色，表面光滑，平均单果重3.96克（1000克=1千克=1公斤=2斤），皮薄，鲜出籽率高达64.82%，出油率达10.09%。

第三篇

黔油1号

黔油1号树冠球形，树势中等；叶长椭圆形，平均叶长7.43厘米，平均叶宽3.29厘米；芽鳞绿色，被茸毛；果实球形，红黄色，表面光滑。盛果期母树平均冠幅产量2.56千克/平方米，平均单果重27.97克，果皮厚3.53毫米；鲜出籽率43.58%，干籽出仁率65.2%，折算果油率达7.88%。

第三篇

黔油2号

黔油2号树冠球形，树势中等；叶长椭圆形，平均叶长8.92厘米，平均叶宽3.77厘米；芽鳞绿色，被茸毛；嫩枝灰黄色；果实球形，红黄色，表面光滑。盛果期母树平均冠幅产量2.16千克/平方米，平均单果重20克，果皮厚2.41毫米；鲜出籽率48.61%，干籽出仁率65.2%，折算果油率达8.21%。

黔油3号

黔油3号为小乔木或灌木。树冠球形，树势中等；叶长椭圆形，平均叶长5~8厘米，平均叶宽2~4厘米；芽鳞绿色，被茸毛；嫩枝绿色，嫩叶绿色；果实球形，红色，表面光滑。盛果期母树平均冠幅产量2.72千克/平方米，平均单果重13.78~18.79克，果皮厚3.07毫米；鲜出籽率49.41%，干籽出仁率66.32%，折算果油率达8.32%。

黔油4号

黔油4号树冠球形，树势中等；叶长椭圆形，平均叶长6.8厘米，平均叶宽4.2厘米；芽鳞绿色，被茸毛；嫩枝绿色；果实球形，红色，表面光滑。盛果期母树平均冠幅产量2.05千克/平方米，平均单果重26克，果皮厚2.4毫米；鲜出籽率46%，干籽出仁率64.25%，折算果油率达6.96%。

第四篇

如何种植油茶？

造林地选择

★ 选择红壤、黄壤，以及pH值在 5.0~6.5 之间的酸性、微酸性的土壤，丘陵山地（丰产林要求：土层厚度在1米以上、坡度在25° 以下），光照充足的阳坡或半阳坡。

★ 应尽量避免在积水洼地和山顶石砾含量高、土层薄、保水保肥能力差的地方种植油茶。

★ 造林地应具有较完善的配套设施，如道路、水源、灌溉设施、管护房、作业道等。

★ 造林地要远离污染源。

种苗选择

★ **良种选择：** 选择通过国家或省级林木品种审（认）定委员会审（认）定的优良品种，并在其适宜种植范围内种植。

★ **种苗选择：** 种苗供应单位须具有省级林业主管部门颁发的油茶种苗生产许可证，且能出示通过省级或省级以上林木品种审（认）定委员会审（认）定的林木良种证或林木良种证拥有者许可的良种使用证明。

★ **苗木质量：** 二年生至三年生合格嫁接容器苗（容器苗指用特定容器培育的作物或果树、花卉等的幼苗）。

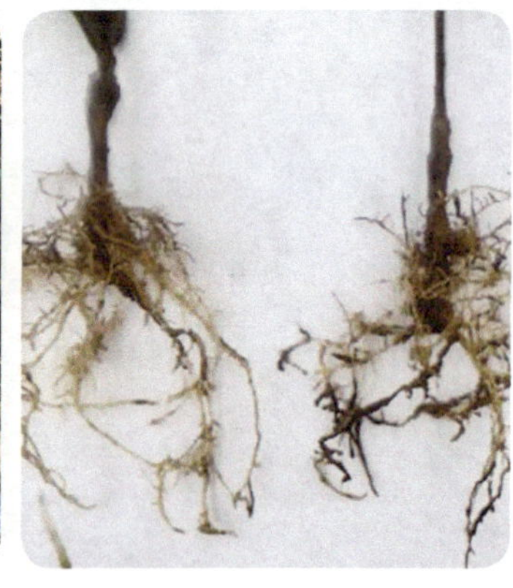

整　地

整地施基肥

★ 整地在造林前1～2个月进行。整地方式：缓坡为全垦整地，斜坡为带状整地，陡坡为块状整地。整地深度20～30厘米，宽度1～3米。

★ 整地完成后挖定植穴，规格为长60厘米、宽60厘米、深60厘米。

★ 定植穴挖好后施基肥，每穴放入商品有机肥10千克和钙镁磷肥0.5千克。施基肥前先回填表土至穴深1/3处，施入基肥后将基肥与表土充分拌匀，然后再用表土填满定植穴。回填土宜略高于地面。

植苗造林

★ 栽植时间为11月至翌年3月。春旱严重的地区在雨季栽植。“早栽深栽雨后栽，最好小雨阴天栽。”

★ 栽种容器苗前必须先用刀片划开无纺布袋并轻轻撕掉。

★ 在回填完表土的定植穴中心挖一个大小能放入容器苗的小坑，将容器苗嫁接口栽种在地面下 5 厘米的位置。接着将容器苗全部放入坑中并扶正，再回填土壤并用手轻压，使回填的土壤与容器中的土壤紧密混合。要重点注意的是，容器苗在种植前应浇透水，并去除不可降解容器。回填土壤时应从四周向内压紧，使回填的土壤呈馒头状，约高于地面 10 厘米。

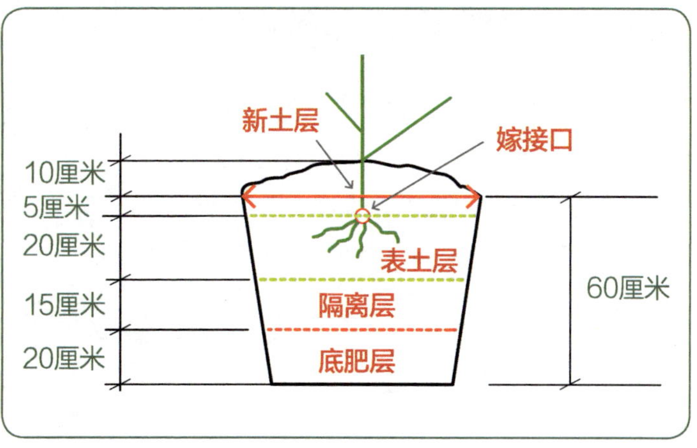

★ 栽种完成后宜浇定根水（植物移栽后所浇的第一次水），再铺草或植物秸秆，以达到保湿的目的。

第五篇

如何做好油茶的抚育管理？

幼林抚育管理

除草松土

于每年5—6月、9—10月对油茶幼林进行除草松土。可采用的整地方式有全垦整地、带状整地或块状整地，深度≥10厘米；同时要全面砍除带间、穴间的杂草和杂灌。

间　作

油茶林可间作花生、豆类、中草药、蔬菜等矮秆作物。间作物应远离油茶树根60厘米以上。

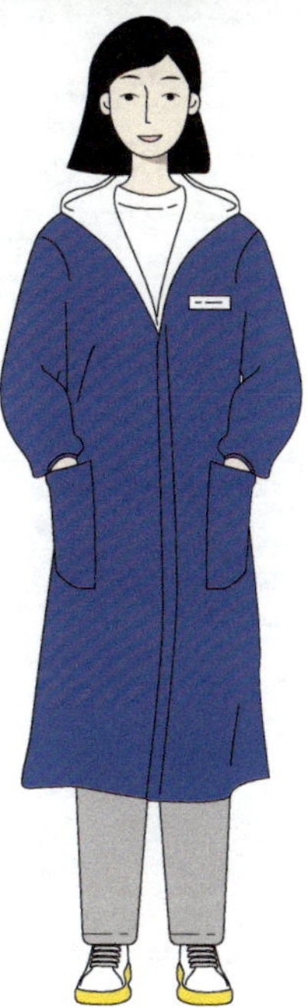

施　肥

★ 定植当年通常可以不施肥，有条件的可施 1 次引根肥。栽植后5～6个月时，在距幼苗30厘米以上的地方挖宽、深各20厘米的圆形或半圆形沟，每株施尿素50克。

★ 从第二年起，在3月新梢萌动前半个月左右每株施以氮肥为主的硫基复合肥0.15千克；从第二年开始每隔3年在11月上旬每株施有机肥或专用肥5～10千克作为越冬肥。随着树体的生长，每年的施肥量应逐年递增。

补 植

在冬季或雨季用二年生以上容器苗补植。补植栽植标准同正常栽植标准，要尽量补植同龄树苗，并按原来品号进行补植。

定干及整形

★ **定干：** 定植后2～3年，于树干离地面高60厘米处进行定干（即对植株进行修剪，以确定直立的、没有侧枝的主枝）；冬季保留离地面高20厘米以上的全部枝，让其自然分生强壮大枝，并及时剪除20厘米以下的小脚枝和萌芽。

★ **整形：**幼树以整形为主，轻度修剪，控制徒长枝[苗木枝条生长不平衡、长势有强有弱，可采用摘去枝条生长点的办法来抑制它的生长，达到平衡枝势的目的，不让枝条（特别是新梢）徒长，这样才能形成树形]，促进侧枝生长，形成低矮的圆柱形或自然圆头形树冠，以便提早结果。

★ **拉枝扩冠：**油茶主枝、副主枝形成后，应进行拉枝扩冠，适当增大枝条分枝角度，培育丰产树形。

成林抚育管理

垦复

垦复在冬春季进行，深度≥30厘米。坡度≤15°的地块采用全面垦复的方式；坡度为15°~25°的地块采用带状垦复的方式，在树蔸上下方沿水平方向各开1.0~2.5米宽的带面；坡度≥25°的地块采用块状垦复的方式，在树冠投影面积内进行。垦复5年进行2次。

施　肥

★ **施肥量**：采用环沟施肥法，每年3—4月施肥1次，每株施复合肥0.5～1千克；每3年施1次基肥（有机肥），时间为11—12月，每株施3～5千克。

★ **施肥方法**：在树冠外沿下方挖宽、深各30厘米的圆形或半圆形沟，施肥后覆土。

修枝整形

对于树体结构不合理的油茶植株，保留3～5根分布均匀的骨干枝，清理脚枝，控顶梢；剪除徒长枝、交叉枝、过密枝、受伤枝、病虫枝等。对于主枝过多的植株采取"开天窗"（剪除树冠顶部光秃和郁闭大枝，合理选留内膛枝）的措施。对于内膛空虚、结果部位外移的树体，采取回缩（也称缩剪，指剪掉二年生枝或多年生枝的一部分）措施以复壮，从而保障树体通风透光，形成良好树形。

稳产措施

大年在8月下旬疏花，适当摘除花芽，在雏果形成后适当疏果，追施磷钾肥；小年追施速效氮肥和有机肥。同时，要保护和利用野生蜜蜂等授粉昆虫，有条件的地方可人工养蜂促进授粉。*

* 大小年指一些农作物（尤其是果树）一年多产（称大年）一年少产（称小年）的现象。

油茶低产林改造方式——换冠改造之撕皮嵌接法

砧木的接前管理

砧木指嫁接繁殖时承受穗条的植株。为了保证嫁接后植株的成活率和嫁接后生长良好，首先要根据嫁接的需要对砧木进行修剪，剪除病虫枝、枯枝、弱枝、过密枝等；同时，在3月前对林地进行挖垦1次，有条件的结合垦复追施1次氮肥，促使砧木生长旺盛。

穗条的采运和保存

穗条应在通过鉴定的优良无性系品种（品系）上采取当年生的粗壮、腋芽饱满无病害的半木质化新梢。长途运输时应将采下的穗条整齐地捆扎好，在下端包上浸饱水的脱脂棉，再装入纸箱内，以免挤压。运输过程中要做好保湿。一时接不完的穗条可插在阴凉处的沙床上，注意经常喷水，一般可保存1周左右。

嫁　接

★**削砧：**先用布擦干净砧木嫁接部位的灰尘，选择砧木平直面，然后用嫁接刀剖成“门”形，宽与穗条粗细相当，深达木质部，并自上向下撕开长1cm左右的皮部。

★ **削穗：** 将穗条削成长2.5厘米左右、芽两端呈马耳形的短穗，去掉1/2或2/3的叶片，然后在接合面（芽的背面）上方0.8厘米左右处向下平撕接口，接口长1.5~2.0厘米，宽为穗条粗细的1/4左右。因穗条远途运输或存放时间较长而撕不开皮部的，接合面也可以用嫁接刀削，削的深度一般为穗条粗细的1/3左右。

★ **嵌穗：** 将削好的穗条嵌入撕开皮部的砧木槽内，穗条顶端与槽顶端对齐，再把撕开的砧木皮部覆盖在穗条的上面。

★ **包扎：** 嵌穗后立即用嫁接绑带进行包扎。要注意在不伤接芽的前提下尽量包扎紧。

★ **加罩：** 为了保湿，包扎后在接穗部位应加绑一个塑料罩，塑料罩呈灯笼状。严禁将塑料罩贴靠在接稳的叶片上，以免灼伤叶片。绑罩要严密，否则就起不到保湿的作用，从而影响植株成活率。

★ **环割：** 在距离嫁接口上方10厘米左右的地方进行环割，以提高果实品质等。

接后管理

★ **剪砧**：一般可分2次进行。第一次剪砧在嫁接后40天左右（这时穗条与砧木已愈合），接芽膨大或已开始抽梢时进行，剪口距接枝30厘米左右，在剪口下方尽量保留1~2个小枝。第二次剪砧在翌年春，叶芽萌动前进行，一般剪口距接枝3~5厘米，视砧木粗细而定，粗砧木距离应留长些，细砧木可以短一些；砧木较粗（直径在3厘米以上）的，在剪口处仍应保留1~2个小枝，以免砧木向下干枯。

★ **解罩与解绑**：在接枝抽生1~4厘米时解罩。为了避免解罩后嫩芽被烈日灼伤，解罩应选在阴天进行，或在晴天的早晨、夜晚进行。在9—10月解除绑带，还没有抽梢的接芽可在翌年春解绑。

★ **除萌与扶绑**：及时除掉砧木上80%的萌条，否则不但影响接枝的生长，还会造成砧木的萌条与接枝混在一起，影响嫁接植株的质量。大树砧木嫁接，接枝生长很快，徒长严重，会形成头重脚轻的现象，易造成风折，因此应及时将徒长枝扶绑在砧木上。

★ **虫害防治和林地管理：**嫁接后，接枝幼嫩，很容易受金花虫、金龟子和象甲等危害，应随时注意虫情，及时进行药物防治。因油茶嫁接林都是优树，结果很多，对养分消耗很大，所以必须加强林地土壤肥水管理，进行垦复、除草和追肥等工作，满足树体养分需求，否则会造成嫁接林提早衰败。

第六篇

如何做好油茶病虫害防治？

病虫害种类

油茶的病虫害种类很多，病害有50多种，虫害有300多种，同时还有少量的寄生植物如桑寄生等。其中，危害较大、可造成巨大损失的主要有油茶软腐病和油茶炭疽病。下文重点展示几种常见的油茶病虫害图片。

油茶茶苞病

油茶软腐病

油茶炭疽病

茶梢蛾

茶籽象

油茶毒蛾

桑寄生

防治措施

油茶病虫害部位、症状及防治措施等具体见表1。

表1　油茶病虫害部位、症状及防治措施

名称	部位	症状	防治措施
油茶茶苞病	芽、叶、嫩梢	芽、叶肥肿变形，嫩梢最终枯死	★**物理防治：**剪除受害枝，烧毁或深埋。 ★**化学防治：**喷洒0.5波美度[①]石硫合剂3~5次。

续表

名称	部位	症状	防治措施
油茶软腐病	叶、芽、果	叶、芽腐烂，落果	★**物理防治：**冬季清除病叶、病果，消灭越冬病原。 ★**化学防治：**喷洒50%退菌特可湿性粉剂600~800倍液（1克50%退菌特可湿性粉剂中加入600~800毫升的水）或多菌灵100~300倍液（1克多菌灵中加入100~300毫升的水）。

续表

名称	部位	症状	防治措施
油茶炭疽病	果、枝梢、叶	受害处形成黑褐色或棕褐色圆斑	★ **物理防治：** 剪除病枝与带有病蕾、病幼果的小枝，摘除病叶、病果，烧毁或深埋。 ★ **化学防治：** 喷洒50%多菌灵可湿性粉剂500倍液（1克50%多菌灵可湿性粉剂中加入500毫升的水）或50%退菌特可湿性粉剂 800~1000倍液（1克50%退菌特可湿性粉剂中加入800~1000毫升的水）。

续表

名称	部位	症状	防治措施
油茶煤污病	枝干、叶	枝干、叶上产生黑色煤尘状菌苔	★**物理防治：**及时间伐和修枝，保持适当的密度，使林内通风透光。 ★**化学防治：**喷洒石硫合剂，夏季用0.5~1波美度液，冬季用3~5波美度液。
油茶藻斑病	叶	病斑灰绿色，稍有突起	★**物理防治：**加强管理。 ★**化学防治：**在4—6月或果实采收后喷洒0.2%~0.5%硫酸铜溶液。

续表

名称	部位	症状	防治措施
茶梢蛾	枝梢	枝梢枯死	★ **物理防治：**剪除被害枝梢，集中放置于林间纱笼内，待寄生蜂羽化后、茶梢蛾成虫羽化之前烧毁。同时可用黑光灯诱杀成虫。 ★ **化学防治：**5—6月对严重受害林分用90%敌百虫1000倍液（1克90%敌百虫中加入1000毫升的水）加适量黄泥制成药泥浆，涂刷树干。

续表

名称	部位	症状	防治措施
茶籽象	种子、果	种子、果被蛀食	★ **物理防治：** 冬挖夏铲，林粮间作，修枝抚育，以降低虫口密度，减轻危害。定期收集落果，以消灭大量幼虫。在4—7月成虫盛发期用盆或瓶盛置糖醋液诱杀成虫。 ★ **化学防治：** 在成虫盛发期于成虫羽化前喷1次绿色威雷200～300倍液（1克绿色威雷中加入200～300毫升的水）。

续表

名称	部位	症状	防治措施
油茶毒蛾	叶、嫩树皮、幼果	叶等被取食，严重时可导致油茶树死亡	★ **物理防治：** 越冬卵期结合茶籽收摘进行人工摘卵。 ★ **化学防治：** 于幼虫3日龄前用 0.2%阿维菌素2500～3000倍液（1克0.2%阿维菌素中加入2500~3000毫升的水）进行防治。

续表

名称	部位	症状	防治措施
油茶尺蠖	叶	叶被取食	★ **物理防治：** ·挖蛹； ·培土埋蛹； ·捕蛾刮卵； ·捕捉幼虫。 ★ **化学防治：**幼虫期可喷洒阿维菌素、20%氰戊菊酯乳油2000～3000倍液（1克20%氰戊菊酯乳油中加入2000～3000毫升的水）或鱼藤精300～400倍液（1克鱼藤精中加入300~400毫升的水）进行防治。

续表

名称	部位	症状	防治措施
茶枝镰蛾	枝干	枝干枯死	★ **物理防治：** 7—9月剪除被害枝，集中烧毁，清洁林地。在成虫羽化盛期用黑光灯诱杀成虫。 ★ **化学防治：** 用脱脂棉蘸80%敌敌畏乳油40~50倍液（1克80%敌敌畏乳油中加入40~50毫升的水），塞进枝干上的虫孔后用泥封住，毒杀幼虫。
油茶绵蚧	叶、枝干	叶和枝干枯死、落花落果	★ **物理防治：** 整枝，清除虫源。 ★ **化学防治：** 在晴天由下朝上喷洒25%高渗苯氧威可湿性粉剂300倍液（1克25%高渗苯氧威可湿性粉剂中加入300毫升的水）。

续表

名称	部位	症状	防治措施
黑跗眼天牛	枝干	轻则枝干生长不良，重则易折断、枯死	★**物理防治**：剪除受害枝，并烧毁。在成虫羽化盛期人工捕捉成虫。 ★**化学防治**：幼虫孵化后到幼虫未钻入木质部之前，用毛笔蘸15%茚虫威悬浮剂100倍液（1克15%茚虫威悬浮剂中加入100毫升的水）后涂环形蛀道；或用市售树干注射机给树干打孔后注药，打孔直径为0.5~0.8厘米，树径在10厘米以下的，每树1孔，树径每增加5厘米加1孔，孔深1~4厘米，每孔注药1~3毫升。幼虫钻入木质部之后，用脱脂棉蘸15%茚虫威悬浮剂100倍液,塞进枝干上的虫孔后用泥封住，毒杀幼虫。

续表

名称	部位	症状	防治措施
茶天牛	主干	树木长势弱、减产	★**物理防治：**结合垦复，培土埋根颈，减少成虫产卵。在成虫羽化期人工捕捉成虫。 ★**化学防治：**在成虫出现前于主干、根颈部用白涂剂涂刷，防止成虫产卵。向有虫树木的树干注入10%吡虫啉可湿性粉剂1500倍液（1克10%吡虫啉可湿性粉剂中加入1500毫升的水），然后用黏土团封塞洞口。

续表

名称	部位	症状	防治措施
绿鳞象甲	嫩枝、芽、叶	嫩枝、芽、叶被取食	★**物理防治：**人工捕捉成虫。同时可将桐油熬制成胶糊状，涂在树干基部黏杀成虫。 ★**化学防治：**在成虫盛发期喷洒棉油皂50倍液（1克棉油皂中加入50毫升的水）。

续表

名称	部位	症状	防治措施
葡萄丽金龟	叶	被害叶仅存叶脉	★**物理防治：**冬季结合垦复，破坏越冬室，杀死幼虫。在成虫羽化盛期进行灯光诱杀。 ★**化学防治：**喷洒3%高渗苯氧威乳油2000倍液（1克3%高渗苯氧威乳油中加入2000毫升的水）。

注：本表中化学防治中用到的相应浓度的药物（如0.2%阿维菌素、20%氰戊菊酯乳油等）均可直接在相关商店中购买到。

①波美度是表示溶液浓度的计量方式。石硫合剂使用前最好用波美比重计测量原液波美度，再根据所需波美度计算稀释后的加水量。计算公式：原液石硫合剂稀释后的加水量=（原液波美度÷稀释后的波美度-1）x原液重量。例如：10千克熬好的石硫合剂原液为25波美度，需要稀释到5波美度，那么原液需要的加水量为（25÷5-1）x10=40，即每10千克25波美度的石硫合剂原液加入40千克水稀释，就能得到所需的5波美度的石硫合剂。

第七篇

如何采收油茶果实？

油茶果实采收时间

普通油茶一般在10月成熟，寒露籽类油茶于10月上旬寒露前后成熟，霜降籽类油茶于10月下旬霜降前后成熟。果实的成熟期常受当年气候的影响而提早或推迟5~10天，一般高温干旱天气较多时提早成熟，低温阴雨天气较多时推迟成熟。

油茶果实成熟标志

油茶果实成熟的标志是果皮上的茸毛自然脱落，果皮变得光滑明亮，少数果微裂，容易剥开，种子乌黑有光泽，或呈深棕色。油茶果实成熟后应及时采收，并在7天内采完。一定要避免过早采摘。

油茶果实采收方式

★ 油茶果的采收目前主要有摘果和收籽两种方式。

★ 摘果是当果实成熟时直接从树上采摘鲜果，摘下后集中处理出籽。这是目前普遍采用的采收方式。应注意不可损伤花蕾、折枝取果。

★ 收籽是待果实完全成熟，种子与果壳分离，从树上掉下来后再捡收。此法适用于坡度较陡、采摘运输不方便的种植区。